CONTENTS

一 思维导图

《昆虫记》

- 作者简介：让-亨利·法布尔(1823—1915),法国著名昆虫学家、动物行为学家,被誉为“科学界的诗人”“昆虫学界的荷马”“昆虫之父”“昆虫学界的维吉尔”。
- 作品简介：《昆虫记》又称《昆虫世界》《昆虫物语》《昆虫学札记》或《昆虫的故事》,长篇科普文学作品,共十卷。1879 年第一卷首次出版,1910 年第十卷问世。该作品是一部概括昆虫的种类、特征、习性和婚习的昆虫学巨著,同时也是一部富含知识、趣味、美感和哲理的文学宝藏。作者将昆虫的多彩生活与自己的人生感悟融为一体,用人性去看待虫性,字里行间透露出作者对生命的尊敬与热爱。
- 作品主题：《昆虫记》记录了各种昆虫的生活和昆虫为生活以及繁衍种族而进行的斗争,既表达了作者对生命和自然的热爱,又传播了科学知识,体现了作者观察细致入微、孜孜不倦的科学探索精神。作品以其瑰丽丰富的内涵,唤起人们对万物、对人类和科普的深刻省思。
- 艺术特色：《昆虫记》通俗易懂、生动有趣,采用具有诗情画意的散文笔调娓娓道来;兼具人文精神,人性与虫性交融,知识、趣味、美感、思想相得益彰。
- 主要内容：
  荒石园
  蜂:毛刺砂泥蜂、隧蜂
  甲虫:圣甲虫、西班牙蜣螂、米诺多蒂菲、法那斯米隆食粪虫、粪金龟、大头黑步甲、抛光金龟、烟黑吉丁、金步甲、松树鳃角金龟
  蚂蚁:红蚂蚁、蚂蚁
  蝶:大孔雀蝶、小阔条纹蝶
  象虫:象态橡栗象、豌豆象、菜豆象、老象虫
  蜘蛛:蟹蛛、克罗多蛛
  蟋蟀:意大利蟋蟀、田野地头的蟋蟀
  蝎:朗格多克蝎
  其他:蝉、螳螂、灰蝗虫、绿蝈蝈、天牛、萤火虫

《昆虫记》—昆虫形象

- 毛刺砂泥蜂:聪明的猎食高手、精细的外科手术施行者
- 隧蜂:酿蜜工匠、忠于职守的门卫
- 圣甲虫:勤劳顽强的运粪工、科学严谨的造型艺术家
- 西班牙蜣螂:伟大的母亲、细致完美的“面包师”
- 米诺多蒂菲:恩爱夫妻、用生命尽责的伟大父母
- 法那斯米隆食粪虫:匠心独运的“糕点师”
- 粪金龟:长寿元老、大自然的清洁工
- 大头黑步甲:凶狠的剖腹杀手、长时间装死高手
- 红蚂蚁:抢掠蚁蛹的强盗
- 蚂蚁:贪得无厌的抢食者
- 蝉:建筑工程师、夏日的歌唱家、无私和悲壮的分享者
- 螳螂:天性凶残的刽子手、互相残杀的姐妹、吃掉新郎的新娘
- 灰蝗虫:创造奇迹的生命形态
- 绿蝈蝈:胆量过人的残忍杀戮者
- 大孔雀蝶:禁食者、以婚姻为目的的短暂生命
- 象态橡栗象:滑稽怪诞的钻工、细心挑剔的慈母
- 豌豆象:残酷竞争后的幸存者
- 菜豆象:繁殖极快的庞大家族
- 金步甲:凶狠的吞食者、猎杀旧爱的悍妇
- 松树鳃角金龟:表达痛苦的歌者
- 天牛:长角钻木工
- 蟹蛛:不会织网捕猎的蜘蛛、机械性的母爱
- 克罗多蛛:昼伏夜出的神秘者、具有平衡原则的筑巢巧匠
- 意大利蟋蟀:夏夜里的歌唱家
- 田野地头的蟋蟀:万象更新时的歌唱家之首、互相争斗的情敌
- 萤火虫:善于麻醉手术的猎手、拥有液化装置的食客
- 朗格多克蝎:驮着幼蝎的母亲、恋爱高手、葬送雄蝎性命的婚俗

二 学法导读

1.了解法布尔在作品中蕴含的深刻思考与思想内涵。

法布尔以人性观照虫性，以虫性反观人类社会。法布尔通过生动的描写以及拟人等修辞手法的运用，将昆虫生活与人类社会巧妙地联系起来，把人类社会的道德、认识搬到了他笔下的昆虫世界里。被他赋予了人性的昆虫，十分可爱，也让人深受启发。

2.理解法布尔的科学精神的内涵。

一是求真、无畏的精神。求真，即追求真相，探求真相。法布尔在观察和记录昆虫生活的过程中，始终恪守“事实第一”的原则，“准确记述观察得到的事实，既不添加什么，也不忽略什么”。无畏，即在探求真相时无惧危险。

二是敢于挑战传统、挑战权威的精神。在法布尔那个时代，昆虫学家主要通过在实验室里做解剖和分类来研究昆虫。法布尔敢于挑战传统，用田野实验的方法来观察和研究昆虫的本能和习性，即使遭到“正统”势力的责难也毫不畏惧、动摇。

三是认真严谨、锲而不舍的精神。法布尔把昆虫研究的实证精神发展到了极其严谨的地步，他不会一观察到某种现象就匆忙下结论，他认为这样的结论是脑子里的产物，而不是事物的逻辑结果。如果只局限于偶然观察到的事实，即使观察十分仔细，也不能说明什么；在下结论之前应当反复观察和实验，寻找大量的例证，并且把观察和实验的结果相互核对，同时还必须对事实进行质疑，寻究后续的事实，打断事实间的连贯性，只有在这个时候才可以提出而且是有保留地提出可信的看法。

3.体悟《昆虫记》是法布尔对自然与生命的赞歌。

法布尔不仅以严谨、理性的求真精神探索着昆虫的世界，同时也以其丰沛、炽热的情感感动着万千读者，全书字里行间都洋溢着他对自然的赞美之情，以及对生命的关爱和敬畏之情。在作者眼中，大自然是神奇美丽的，它早已按照一定的规则安排好了一切。作者笔下形形色色的昆虫，也不再是自然界里渺小的虫子，而是一个个顽强乐观的生命。如在黑暗的地下待四年，出洞后只能尽情歌唱五六个星期的蝉。在作者笔

3. 学校举行“好书我推荐”活动，你将推荐《昆虫记》一书，请你用简洁扼要的语言为它写一段合适的推荐语。（4 分）

四、简答题（共 13 分）

1. 在《昆虫记》中，哪些昆虫存在交尾之后同类相食的现象？试举出三例。（3 分）

2. 法布尔在《昆虫记》中“以人性观照虫性，以虫性反观人性”，以下面的语段为例，谈谈你对这句话的理解。（4 分）

谁都不了解弥足珍贵的清洁工食粪虫和埋葬虫，可吸血的蚊虫、长毒刺的凶狠好斗的黄蜂以及专干坏事的蚂蚁却无人不知无人不晓。在南方的村子里，蚂蚁毁坏房屋椽子的热情如同它们掏空一棵无花果树一样。我无须赘述，每个人都能从人类的档案馆中找到类似的例证：好人无人知晓，恶人声名远扬。

（节选自《田野地头的蟋蟀》）

3. 你认为《昆虫记》能够成为世界名著的主要原因有哪些？（6 分）

雨，犹如不考虑何处歇足的流浪民族的帐篷一样。

直到10月末，初寒来临，它才开始筑巢做窝。据我对囚于钟形罩中的蟋蟀的观察，这个活儿非常简单。蟋蟀从不在其中的一个裸露地点筑巢，而总是在吃剩的莴苣叶遮盖着的地方做窝，莴苣叶代替了草丛作为隐藏时不可或缺的遮檐。

蟋蟀工兵用前爪挖掘，利用其颚钳挖掉大沙砾。我看见它用它那有两排锯齿的有力的后腿在蹬踢，把挖出的土踹到身后，呈一斜面。这就是它筑巢做窝的全部工艺。

一开始活儿干得挺快。在我的囚室的松软土层里，两个小时的工夫，挖掘者便消失在地下了。它还不时地边后退边扫土地回到洞口。如果干累了，它便在尚未完工的屋门口停下来，头伸在外面，触须微微地颤动着。休息片刻之后，它又返回去，边挖边扫地又继续干起来。不一会儿，它又干干歇歇，歇息的时间也越来越长，我观察的劲头儿也随之减低了。

最紧迫的活计完成了。洞深两寸，目前已够用了，余下的活计费时费力，得抽空去做，每天干点。天气日渐转凉，自己的身体在渐渐长大，巢穴得逐渐加深加宽。即使到了大冬天，只要天气暖和，洞口有太阳，也能常常看见蟋蟀在往外弄土，说明它在修整扩建巢穴。到了春光明媚时，巢穴仍在继续维修，不停地修复，直至屋主去世为止。

（节选自《田野地头的蟋蟀》）

1.阅读选文，概括蟋蟀的巢穴的特点。（4分）

____

____

2.《昆虫记》“透过昆虫世界折射出社会人生”，结合选文说说蟋蟀带给你哪些感悟。（4分）

____

____

……饮食增多样化，我其实还专门喂它们一些香甜的水果，比如梨片、葡萄、甜瓜片，等等。这些水果它们全都很爱吃。绿蝈蝈就像英国人：它非常喜欢浇上果酱的牛排。也许这就是为什么它一抓住蝉，就要开膛破肚的缘故：肚子里装着裹着果酱的鲜美肉食。

（节选自《绿蝈蝈》）

1. 第 3 段介绍了蝈蝈哪方面的特点？（2 分）

____

____

2. 作者在介绍蝈蝈捕蝉时，与苍鹰追捕云雀对比，那么蝈蝈与苍鹰相比有何异同点？（4 分）

____

____

3. 作者是如何知道蝈蝈最喜欢吃什么食物的？（1 分）

____

____

4. 阅读选文，蝈蝈的食物都有哪些？（1 分）

____

____

5. 判断下列说法的正误，正确的画“√”，错误的画“×”。（3 分）

（1）从选文内容来看，蝈蝈是肉食性动物。（　　）

（2）选文语言朴实自然，是平实性说明。（　　）

（3）本文写蝈蝈，先以“我”所见引入，再写生活习性，这种顺序是由现象到本质的逻辑顺序。（　　）

班级：______ 密 封

A. 一年　　B. 两年　　C. 三年

6. 下列对《昆虫记》的评价，不恰当的一项是（　　）

A.《昆虫记》熔作者毕生研究成果和人生感悟于一炉，以人性关照虫性，又用虫性反观社会人生，将昆虫世界化作供人类获得知识、趣味、美感和思想的美文。

B. 作者通过仔细观察后，深刻地描绘了多种昆虫的生活，真实地记录了昆虫的本能、习性、活动、婚恋、繁衍和死亡，种种描写无不渗透着作者对人类的思考，睿智和哲思跃然纸上。

C.《昆虫记》行文生动活泼，语调轻松，充满盎然的情趣。

D.《昆虫记》不仅是一部研究昆虫的科学巨著，同时也是一部讴歌生命的宏伟诗篇，作者也因此获得了“科学诗人”“昆虫学界的荷马”“昆虫学界的维吉尔”等美誉和诺贝尔奖。

7. 随意出入隧蜂的洞穴，打劫其劳动果实的是（　　）

A. 小飞蝇　　B. 蝴蝶　　C. 蚂蚁　　D. 蜻蜓

8. 朗格多克蝎小宝宝们的第二次出生必须一动不动地待在母蝎背上（　　）

A. 四个星期　　B. 三个星期　　C. 两个星期　　D. 一个星期

二、填空题（每空 1 分，共 27 分）

1.《昆虫记》又称________、________、________，是一部________，是法国昆虫学家、动物行为学家________所著的长篇科普文学作品，共十卷。

2.《昆虫记》不仅浸溢着对生命的敬畏之情，更蕴含着某种精神，这种精神就是________。如果没有这种精神，就没有《昆虫记》，人类的精神之树上将少一颗智慧之果。

3. ________不善于哺育儿女，必须依靠仆人伺候她们进食，帮她们料理家务。

4. 在《西班牙蜣螂》一文中，“面包师”制作“面包”的过程是：首先把面团和好搅匀，拢成一堆，做成________；

下，一切生命都有同样的价值和尊严，正如他所说，“一小块注入了生命的能感受苦与乐的蛋白质，远远超过庞大的无生命的原料”。

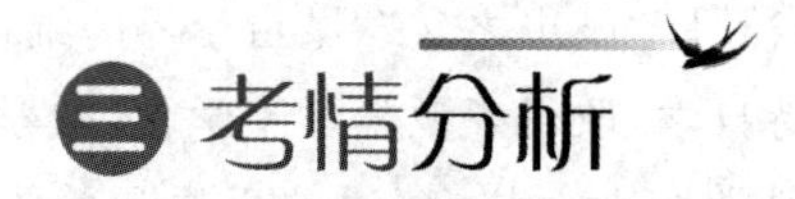

出处	题型	知识点	分值	中考预测
2021 四川乐山	选择	内容	3 分	* * *
2021 江苏宿迁	选择	内容、主题	3 分	* * * *
2021 浙江温州	选择	内容	3 分	* * *
2022 江西	选择	主题	3 分	* * * *
2022 云南昆明	填空	内容、文学常识	6 分	* * * *
2022 四川广元	填空、简答	主题、拓展延伸	4 分	* * *
2022 四川内江	简答	内容	3 分	* * * *
2022 广西北部湾经济区	简答	内容、拓展延伸	3 分	* * *
2022 湖北三市一企	简答	内容	9 分	* * * *

四 内容简介及评价

作品名片

书　　名：《昆虫记》（又名《昆虫世界》《昆虫物语》《昆虫学札记》）
体　　裁：科普文学作品
作　　者：[法]让-亨利·法布尔
昆虫形象：蝉、蟋蟀、圣甲虫、西班牙蜣螂、螳螂等
成书时间：1879—1910
地　　位：昆虫的史诗

作者简介

让-亨利·法布尔(1823—1915),法国著名昆虫学家、动物行为学家,被称为"昆虫学界的荷马""昆虫之父""昆虫学界的维吉尔"。

法布尔一生坚持自学,取得了教学学士学位、数学学士学位、自然科学学士学位和自然科学博士学位,精通拉丁语和希腊语,喜爱古罗马作家贺拉斯和诗人维吉尔的作品。法布尔晚年时,《昆虫记》的成功为他赢得了"昆虫学界的荷马"和"昆虫学界的维吉尔"的美名,他的成就得到了社会的广泛认可。法布尔获得了许多科学头衔,达尔文称法布尔为"无法效仿的观察家"。

1880年,法布尔买下了塞利尼昂的荒石园,并一直居住到逝世。这是一块荒芜的土地,但却是昆虫钟爱的土地,除了可供家人居住外,那儿能让法布尔安静地集中精力思考,全身心地投入到各种观察与实验中去,可以说这是他一直以来梦寐以求的天地。就是在这儿,法布尔一边进行观察和实验,一边整理前半生研究昆虫的观察笔记、实验记录和科学札记,完成了《昆虫记》的后九卷。如今,这所故居已经成为博物馆,静静地坐落在有着浓郁普罗旺斯风情的植物园中。

创作背景

1823年12月,法布尔降生在法国南部一个贫穷的农民家中。上小学时,他常跑到乡间野外,兜里装满了蜗牛、蘑菇或其他虫类、植物。法布尔15岁考入师范学校,毕业后谋得初中数学教师职位。他花了一个月的工资,买到一本昆虫学著作,立志做一个为虫子写历史的人。靠自修,法布尔取得大学物理、数学学士学位,两年后又取得自然科学学士学位。又过一年,31岁的法布尔一举获得自然科学博士学位。他出版了《天空记》《大地记》《植物记》及《保尔大叔谈害虫》等系列作品。1875年,法布尔带领家人迁往乡间小镇。整理20余年资料而写成的《昆虫记》第一卷,于1879年问世。1880年,法布尔用积攒下的钱购得一老旧民宅,他用当地普罗旺斯语给这处居所取了个雅号——荒石园。年复一年,荒石园的主人穿着农民的粗呢子外套,用尖镐平铲刨刨挖挖,一座"百虫乐园"建成了。他把劳动成果写进一卷又一卷的《昆虫记》中。1910年,《昆虫记》第十卷问世。

内容简介

人类并不是一个孤立的存在，地球上的所有生命，包括蜘蛛、黄蜂、蝎子、象鼻虫等在内，都在同一个紧密联系的系统之中，昆虫也是地球生物链上不可缺少的一环，昆虫的生命也应当得到尊重。

《昆虫记》这本书描写的是昆虫为生存而斗争所表现出的妙不可言的、惊人的灵性，有宁可忍受饥饿也要守护在未出生的子女身边的西班牙蜣螂，有“为它的后代做出无私的奉献，为儿女操碎了心”的甲虫，有拥有超群的建筑才能的蝉。

《昆虫记》十大卷，每卷包含若干篇，每篇详细、深刻地描绘一种或几种昆虫的生活。最直观的就是对昆虫的研究记录。作者数十年间，不局限于传统的解剖和分类方法，直接在野地里实地对法国南部普罗旺斯种类繁多的昆虫进行观察，或者将昆虫带回自己家中培养，生动详尽地记录下这些小生命的体貌特征、食性、喜好、生存技巧、蜕变、繁衍和死亡，然后将观察记录结合思考所得，写成详细确切的笔记。《昆虫记》不是作家笔下创造出来的世界，其所叙述的内容都来自于他对昆虫生活的直接观察。

在作者的笔下，《昆虫记》这部本应严肃的学术著作如优美的散文，让读者不仅能从中获得知识和思想，更能体会到阅读的乐趣。在每一篇中，作者都将昆虫拟人化，生动形象而且具体地为读者展现了微小的昆虫世界中的一幕幕，不仅体现了昆虫的特点、习性，还表达了作者对各种昆虫特有品行的赞美和对生命的热爱。

主题透视

《昆虫记》是一个奇迹，是由人类杰出的代表法布尔与自然界众多的平凡子民——昆虫，共同谱写的一部生命的乐章，是一部永远解读不完的书。作者将专业知识与人生感悟熔于一炉，娓娓道来，在对一种种昆虫日常生活习性、特征的描述中体现出对生活、对世事特有的眼光，字里行间洋溢着作者对生命的尊重与热爱。

《昆虫记》不仅浸溢着对生命的敬畏之情，更蕴含着某种精神。这种精神就是求真，即追求真理，探求真相——这就是法布尔精神。如果没有这种精神，就没有《昆虫记》，人类的精神之树将少一颗智慧之果。

昆虫剪影

【隧蜂】外形特点:体形纤细,比蜂箱中养的蜜蜂更加修长。成群生活,身材和体色多种多样。有的比一般的胡蜂个头儿要大,有的与家养的蜜蜂大小相同,甚至还要小一些。腹环有滑动槽沟,遇到危险时会上下滑动。

生活习性:4月筑巢建窝,5月采花粉,开始储存粮食以备生育,春、夏繁殖两代。隧蜂妈妈的住宅是隧蜂姐妹们可继承的共同财产。进出洞门互相谦让,秩序井然。年老的隧蜂妈妈当门卫,保护后代的安全。

【圣甲虫】外形特点:有一对棕红色小触角,一身墨黑,是食粪虫中个头儿最大又最有名气的一种。头部边缘是个帽子,宽大扁平,上有六个细尖齿,排成半圆。前腿扁平,弯成弓形,上有粗壮的纹脉,外侧配备着五个硬齿。后面四足,最后一对又细又长,顶端长有一个很锋利的尖爪。

生活习性:圣甲虫以粪为食。它们将粪做成粪球,然后运到合适的地方。运粪球时,经常有同伴来帮忙,也会遇到来打劫的。食物进入地窖里,圣甲虫便日夜不停地吃着,直到把食物消灭干净为止。它们边吃边排泄,消化神速。母圣甲虫在产卵之前,会精心制作梨形粪球,将它作为孵化室,保证孩子出生后会有充足的食物。

【西班牙蜣螂】外形特点:前胸截成一个陡坡,头上长着一个怪角,身子矮胖,缩成一团,又圆又厚,爪子极短。

生活习性:易受惊吓,喜静不喜动。一旦找够了食物,就在粪堆下挖洞。洞挖得粗糙,是临时居所。贪馋好吃,饭尽粮绝才会再回到地面,重新寻觅、收获、挖洞。到了产卵期,西班牙蜣螂妈妈会用较长的时间给子女精心准备粪球和洞穴。卵产下后,蜣螂妈妈忍受着饥饿守护在粪球边,直到子女长大。

【蝉】外形特点:在洞里的幼虫苍白而眼盲,比成熟状态时体形要大,体内充满了液体。出了洞的幼虫,眼睛黑黑的,闪闪发亮。从蝉壳蜕变而出的成虫,双翼湿润、沉重、透明、有浅绿色的脉络,胸部略呈褐色,身体其余部分呈浅绿色,有一处处的白斑。最后,体色变深,越来越黑。

生活习性:蝉的幼虫要在地下待四年,靠吸食树木根部的液体来维持生命,在洞底修建一个观测站,以便探测外面的天气情况,时机成熟便可钻出洞。出洞的幼虫在附近寻找一个空中支点,开始蜕壳。蝉出壳后会长时间地沐浴在空气和阳光中，以强壮身体，改变体色。夏日中，蝉经过五六个星期的欢唱后生命耗尽，从大树高处跌落下来。

【螳螂】外形特点：体形矫健，体色淡绿，薄翼修长。前爪是抓杀猎物的机器。腰肢长而有力，腰肢内侧有一个美丽的黑圆点，中心有白斑。大腿更加地长，有齿刺，如一把双排平行刃口的钢锯。小腿也是一把双排刃口钢锯，齿刺比大腿上的短、多、密，末端有一硬钩，钩下有一小槽，槽两侧是双刃弯刀或截枝剪。

生活习性：专吃活食。雌性螳螂随着交配和产卵季节的到来，性情会变得越发残忍反常，同处一室互相残杀。在完成交配后，雌性螳螂会把雄性螳螂吃掉。雌性螳螂喜欢把卵产在向阳的地方，产完卵后冷漠地离开。

【绿蝈蝈】外形特点：全身淡绿色，身体两侧有两条淡白色的饰带。体形优美，身轻体健，一对罗纱大翅膀，是蝗虫科昆虫中最优雅美丽的。

生活习性：嗜食昆虫，尤其爱吃没有过硬甲胄保护的昆虫，且只吃自己捕获的猎物，是夜间捕杀蝉的凶猛凌厉的猎手。食肉之后，须用素食加以调剂。有以伤残同伴为食的癖好。

【大孔雀蝶】外形特点：欧洲最大的蝴蝶，穿着栗色天鹅绒外衣，系着白色皮毛领带。翅膀上满是灰白相间的斑点，一条淡白色之字形线条穿过其间，线条周边呈烟灰白，翅膀中央有一个圆形斑点，宛如一只黑色的大眼睛，瞳仁中闪烁着变幻莫测的色彩。长着多面的小光学眼睛。

生活习性：禁食者，口腔器官是无用的装饰。生命短暂。结婚是它生命的唯一目的。为寻找自己的意中人，可以长距离夜间飞行，能穿过黑暗，越过各种障碍。雌性能在夜晚引来远处的雄性。

【象态橡栗象】外形特点：一副滑稽相，嘴上叼着一只长烟斗（长鼻子），这烟斗细如马鬃，棕红色，几乎笔直，其长无比，以致橡栗象只好斜着身子，让它伸直，免得折断。

生活习性：食橡栗、榛子及其他类似坚果。在橡栗上钻孔下卵。钻孔时因钻杆太长，会偶然失足，身子被挂在长鼻上而死亡。钻孔速度奇慢无比。为幼卵寻找合适的橡栗，会放弃很多辛苦钻探的钻孔。一卵一橡栗。

【金步甲】外形特点：金色，有双鞘翅，有齿钩，雄性的体形比雌性的稍小。

生活习性:金步甲是毛虫的天敌,是凶狠的吞食者,是所有力不及它的昆虫的恶魔。交尾之后,雄性金步甲被雌性开膛破肚吞食,雄性金步甲虽然身强体壮,却没有反抗和自卫。金步甲几乎是孤独生活着的,很少看见两三只聚在同一个住所里。

【蟹蛛】外形特点:金字塔形的躯干上坠着个大肚子,下端左右两侧各隆起一个驼峰状的乳突,皮肤看上去十分柔软。皮肤呈乳白色或柠檬色,一些蟹蛛的腿上戴着不少粉红色的镯子,背上饰有胭脂红的曲线,胸部两侧有时还佩戴着一条淡绿色的细带子。

生活习性:不会织网捕猎,而是以快速掐住猎物脖子的方式捕猎。喜爱捕捉家蜂。喜欢在高处盖房造屋。产卵后的雌蟹蛛一直守护着卵室,在帮助小蟹蛛出世后欣慰地坦然逝去。

【蟋蟀】外形特点:刚孵化出的小蟋蟀浑身发灰,几近白色,瘦小,不比一只跳蚤大,钻出土层二十四个小时后,体色变化,成了一个漂亮的小黑蟋蟀,原先的灰白色只剩下一条白带围在胸前。成年蟋蟀全身墨黑,鞘翅透明,呈淡淡的棕红色。

生活习性:6 月,母蟋蟀在土层里产卵。大约半个月,卵壳裂开,孵化出小蟋蟀。小蟋蟀长大后,刚开始居无定所,直到 10 月末才开始筑巢做窝,之后是不断地修整扩建巢穴,直至去世为止。4 月过完,蟋蟀开始歌唱。

艺术特色

1. 语言生动传神、诙谐幽默。

《昆虫记》用大量的笔墨介绍了昆虫的种类、特征、习性和婚俗等,但完全不会让读者感到生涩枯燥。它的语言朴实清新、生动活泼,语调轻松诙谐,充满了盎然的情趣和诗意。如《豌豆象》中,作者在对豌豆象妈妈的无序的粗放式产卵表达疑惑、不解和担忧之情时,用语幽默诙谐:“我把豆粒和卵的数量分别数了数,发现一粒豆子上总有五到八个卵,有时甚至有十个,而且看不出豌豆象妈妈不会在一个豆荚上产下更多的卵来。真是僧多粥少!在一个豆荚上下这么多的卵干什么?它们肯定要被逐出宴席的呀!”

2. 多使用比喻、拟人等修辞手法。

《昆虫记》中多使用比喻、拟人等修辞手法来描写昆虫,语言形象生动，极具表达效果。如《螳螂捕食》用拟人手法来描写冷酷无情的雌螳螂："再次让我震惊的是，雌螳螂一产完卵，就冷漠地离开了，甚至有几只蝗虫靠近螳螂卵囊它也没加理会，完全忘了里面睡着自己的四百多个孩子，真是个铁石心肠的妈妈啊！"

3.理性与热情、科学与文学完美结合。

在多年的昆虫观察和研究中，法布尔始终恪守"事实第一"的原则，"准确记述观察得到的事实，既不添加什么，也不忽略什么"。作者观察记述的成果，不是机械刻板的论文式写作，而是融入了炽热情感的散文式写作。《昆虫记》融入了科学理性与文学感性，书中不时语带机锋，提出对生命价值的深度思考，试图在科学中融入更深层的含义。

作品影响及评价

【影响】

法布尔以生花妙笔写成《昆虫记》，誉满全球，这部巨著在法国自然科学史与文学史上都有它的地位。法布尔把毕生从事昆虫研究的成果和经历用散文的形式记录下来，详细观察了昆虫的生活和为生活以及繁衍种族所进行的斗争，以人文精神统领自然科学的庞杂实据，虫性、人性交融，使昆虫世界成为人类获得知识、趣味、美感和思想的文学形态，将区区小虫的话题书写成多层次意味、全方位价值的鸿篇巨制，这样的作品在世界上空前绝后。没有哪位昆虫学家具备如此高明的文学表达才能，没有哪位作家具备如此博大精深的昆虫学造诣。在晚年，法布尔出版了《昆虫记》最后几卷，不但使他在法国赢得众多读者，而且在欧洲各国，乃至全世界，《昆虫记》作者的大名也已为广大读者所熟悉。人们尊称他为"昆虫学界的维吉尔"，法国学术界和文学界推荐法布尔为诺贝尔文学奖的候选人。此外，法布尔也被当时国际学术界誉为"动物心理学的创始人"。

【评价】

《昆虫记》是"讲昆虫生活"的楷模，准确地、完整地、科学地、生动地展现了独一无二的个性。

——鲁迅

《昆虫记》不愧为"昆虫的史诗"，法布尔则不愧为"昆虫学界的荷马"。

——[法]雨果

我非常感谢您能想到赠我一本您的大作《昆虫记》，从某种意义上说，我对此是受之无愧的，因为我相信，在全欧洲，我是最敬慕您所从事的研究事业的。

——[英]达尔文

《昆虫记》使我熟悉了法布尔这位感情细腻、思想深刻的天才，这个大学者像哲学家一般地去思考，像艺术家一般地去观察，像诗人一般地去感受和表达。

——[法]罗斯丹

《昆虫记》熔作者毕生的研究成果和人生感悟于一炉，以人性观察虫性，将昆虫世界化作供人类获取知识、趣味、美感和思想的美文。

——巴金

法布耳(今译法布尔)的书中所讲的是昆虫的生活，但我们读了却觉得比看那些无聊的小说戏剧更有趣味，更有意义。

——周作人

他观察之热情耐心，细致入微，令我钦佩，他的书堪称艺术杰作。我几年前就读过他的书，非常喜欢。

——[法]罗曼·罗兰

五 佳句(段)赏析

【佳段再现】排泄的过程如同秒表一般精确。每隔一分钟，更精确地说是四十五秒，一小节排泄物便出来了，细绳则增长三四毫米。等细绳长到一定程度，我便把它截断，放在刻度尺上量量其长度。我测量的结果，总长度为十二小时两米八十八。晚上八点，我是提着提灯最后一次去察看的，这之后，圣甲虫又继续宵夜，所以进餐与制绳工作又持续了一段时间，所以圣甲虫拉成的那根没有断头的细长绳总长约为三米。——《圣甲虫》

【佳段赏析】作者通过细致的观察和精准的测算，用准确的数字来说明圣甲虫具有强大的消化能力，能长时间持续进餐，直到食物全部被消灭干净为止。这些统计数据科学、准确，具有很强的说服力，体现了作者严谨的科学态度和锲而不舍的求真精神。

【佳段再现】鞘翅随即张开，斜掩在两侧；双翼整个儿展开来，似两张平行的船帆立着，宛如脊背上竖起阔大的鸡冠；腹端蜷成曲棍状，先翘起来，然后放下，再突然一抖，放松下来，随即发出噗噗的声响，宛如火鸡展屏时发出的声音一般。也像是突然受惊的游蛇吐芯儿时的声响。——《螳螂捕食》

【佳段赏析】这段文字中的一系列动作描写，一气呵成，把螳螂看见猎物靠近时立刻进入战斗状态的迅速反应具体形象地表现了出来，使读者感受到了异常紧张的气氛，大战一触即发。“噗噗的声响”是战斗的警报，也是螳螂对猎物的震慑。

【佳句再现】啊！瞧它那副滑稽相，嘴上还叼着一只长烟斗哩！这烟斗细如马鬃，棕红色，几乎笔直，其长无比，以致橡栗象只好斜着身子，让它伸直，免得折断，像头前伸出一支长矛似的。——《象态橡栗象》

【佳句赏析】这里用了几个比喻，形象生动地写出了橡栗象怪鼻子的特点：细、直、长。形如烟斗，细如马鬃，长如矛，这样的比喻，形象贴切，让橡栗象的滑稽相有了画面感，如在眼前，语言幽默，吸引读者。

【佳句再现】可是素食者又是怎么回事呢？接近产卵期时，雌性距螽竟冲着它那尚活蹦乱跳的雄性伴侣下手，剖开后者的肚子，大吃一通，直至吃饱为止。一向温情可爱的雌性蟋蟀性格会突然变得暴戾，会把刚刚还给它弹奏动情的小夜曲的雄性蟋蟀打翻在地，撕扯其翅膀，打碎它的小提琴，甚至还对小提琴手咬上几口。因此，很有可能这种雌性在交尾之后对雄性大开杀戒的情况是很常见的，特别是在食肉昆虫中间。——《金步甲的婚俗》

【佳句赏析】本段由一问句承上启下，由上文对食肉昆虫相爱之后同类相食现象的研究过渡到对素食昆虫此类现象的研究，用举例子的说明方法说明在素食昆虫中，这种现象也是存在的，从而得出结论：很有可能这种雌性在交尾之后对雄性大开杀戒的情况是很常见的，特别是在食肉昆虫中间。语言准确严谨，生动形象，真实地记录了昆虫的生活习性和本能，向读者展现了最原始、最真实的场面，使读者感受到了昆虫世界的残忍。

【佳段再现】求爱无果。母蟋蟀跑到一片生菜叶下躲藏起来。但是，它还是微微撩起门帘在偷看，而且也想被那只公蟋蟀看见。——《田野地头的蟋蟀》

【佳段赏析】这个句子运用拟人的修辞手法，生动形象地写出了蟋蟀情人间打情骂俏的温情场景。“跑”“躲藏”“撩起”“偷看”等动词的运用，准确、恰当地把母蟋蟀娇羞、欲拒还迎的情态展现了出来，神似情窦初开的少女。

六 读后感

一切生命都有价值和尊严

——读《昆虫记》有感

《昆虫记》是法国昆虫学家法布尔花费几十年精力完成的巨著。它给我们展现了广阔的、精彩绝伦的昆虫世界，讲解了丰富有趣的昆虫知识，让我们大开眼界的同时，也让我们由衷地感叹，小小昆虫却拥有如此惊人的生命张力、充沛的生命活力、美妙的生命艺术和伟大的生命价值。

你看，螳螂在等待猎物，大孔雀蝶在寻觅爱人；你听，蟋蟀在尽情弹奏，蝉儿在狂热欢歌……作者在书中最大限度地还原了这些小生灵真实的生命状态。读着这些生动形象的文字，眼前徐徐展开一幅神奇的画卷。在这个昆虫王国中，小蚂蚁能洗劫巨蝉，金步甲相爱之后会同类相食；有节制有度的寄生者，有绝情冷酷的恋人，有凶猛残暴的杀手，真是“虫生”百态。

昆虫，这些飞行于天地之间，自古以来就与我们一起生活在这个地球上的生命，却很少引起我们的关注。因为它们是那么弱小，那么卑微。读了这本书，我深受感动，原来众生是平等的，昆虫和我们一样，也在不断地说着话，唱着歌，跳着舞。在属于它们的乐园里，在城市或田野中，在一座被遗忘的花坛里，或是一段尚未整修的河堤上……精彩地活着。

读罢《昆虫记》，我真正感悟到生命是平等的，也都是有价值的，地球上的每一个生命，无论强大还是弱小，都应该得到平等的尊重。

《昆虫记》不仅仅充满着对生命的敬畏之情，更蕴含着追求真理、探求真相的求真精神，这给了我很大启发：在生活和学习中，我们要像法布尔一样，勇于探索世界，追求真理，热爱科学，热爱大自然，热爱我们的地球。我们要通过自己的努力，掌握和拥有丰富的科学知识，做热爱科学的新一代青少年。

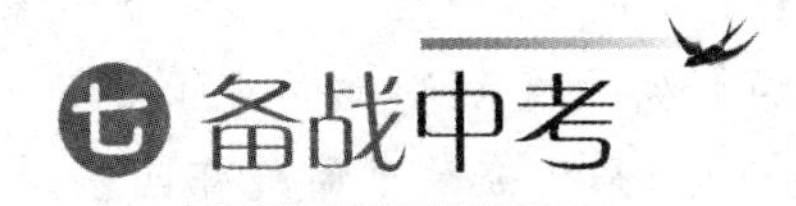

七 备战中考

考点速递

【文学常识】

让-亨利·法布尔(1823—1915)，法国著名昆虫学家、动物行为学家，被誉为“科学界的诗人”“昆虫学界的荷马”“昆虫之父”“昆虫学界的维吉尔”。

《昆虫记》又称《昆虫世界》《昆虫物语》《昆虫学札记》或《昆虫的故事》，长篇科普文学作品，共十卷。1879 年第一卷首次出版，1910 年全书首次出版。该作品是一部概括昆虫的种类、特征、习性和婚习的昆虫学巨著，同时也是一部富含知识、趣味、美感和哲理的文学宝藏。作者将昆虫的多彩生活与自己的人生感悟融为一体，用人性去看待虫性，字里行间透露出作者对生命的尊敬与热爱。

真题在线

(真题在线，选段文字与书中略有不同)

1.【2021 四川乐山】下列对《昆虫记》《朝花夕拾》相关内容的表述不正确的一项是(　　)

A. 美丽的螳螂“宽阔的轻纱般的薄翼，如披风拖曳着”，好像一个女尼，却被称为原野中的“杀手”。

B.《昆虫记》中作者借助昆虫的世界来折射社会人生，让人在感受、了解昆虫诸多生活习性的同时联想到自身。

C. 在《二十四孝图》《五猖会》《父亲的病》中，鲁迅喜欢恪守孝道的故事，并且身体力行。

D. 鲁迅借动物、众鬼嘲弄人生，对“正人君子们”进行鞭挞的文章有《狗·猫·鼠》《无常》。

2.【2021 江苏宿迁】下列有关名著的表述正确的两项是(　　)

A.《骆驼祥子》中虎妞难产而死后,虽然小福子愿意与祥子过日子,但祥子因负不起养她两个弟弟和一个醉爸爸的责任,狠心拒绝了她。

B.《西游记》第七十六回中,悟空故意不扯救命索,让八戒被二魔象怪卷走,气得三藏大骂悟空无情无义,这体现了悟空自私狭隘的一面。

C.法布尔的《昆虫记》是研究昆虫的科普巨著。透过昆虫世界折射出关于人类社会与人生的思考。语言平实,通俗易懂,但缺少幽默感。

D.《艾青诗选》主题鲜明,意象丰富。其中"土地"凝聚着诗人对祖国母亲最深沉的爱,"太阳"表现了诗人对光明、希望的追求和向往。

E.《水浒传》善用"穿针引线"的方式构思情节,如晁盖派吴用报恩,引出宋江杀阎婆惜的故事;宋江避难柴进庄园,又引出武松的故事。

3.【2021 浙江温州】以下是"人与自然"专题阅读时摘录的句子,选择与其对应的作品。

①野蛮是这个世界的救赎。(　　)

②人们恰恰很难辨认自己创造出来的魔鬼。(　　)

③你们探索的是死,我探索的是生。(　　)

A.《昆虫记》　　B.《沙乡年鉴》　　C.《寂静的春天》

4.【2022 江西】下列对相关名著的解说,正确的一项是(　　)

A.《西游记》:中国古典文学中极富想象力的科幻小说。

B.《昆虫记》:阿西莫夫写就的科学与文学完美结合的"昆虫的史诗"。

C.《儒林外史》:中国古代讽刺小说的高峰。

D.《简·爱》:寻求人格独立追寻平等自由的英雄赞歌。

5.【2022 云南昆明】请把下面的语段补充完整。

阅读经典可以丰富阅历,涵养性情。让我们一起阅读散文集A《________》,了解鲁迅从幼年到青年时期的生活道路和心路历程;在科普巨著《昆虫记》中遨游,去感受"掌握田野无数小虫子秘密的语言大师"B ________(作者)对生命的尊重,对自然的赞美;阅读老舍的作品,了解他笔下的车夫C ________(人名)"三起三落"的人生经历,感受作家对底层劳动人民生存状况的关注和同情吧!

6.【2021 浙江宁波】下面是班级"科普作品·智慧之光"小组阅读成果分享现场。请你参与其中,从《昆虫记》《寂静的春天》中任选一部,结合作品内容，补充丙同学的发言。

甲：科普作品中呈现的科学研究方法闪耀着智慧之光，尤其是“先假设后求证”的研究方法，同学们在阅读中感受最深，让我们一起来分享。

乙：好。我发现，科学工作者往往循着“提出假设——用实验或数据分析等推理求证——得出结论”的路径进行研究。下面，我们请丙同学说一个具体的例子。

丙：____

____

____

甲：说得真好，这样的研究方法充满智慧。让我们在阅读中获得真知，让科学的光芒照亮自己。

7.【2021 内蒙古鄂尔多斯】只有真实的阅读才有深刻的感悟。下面是小明阅读《昆虫记》后列出的读后感纲要，请你仿照示例，选择初中必读名著，试写纲要。

12 部必读名著：《朝花夕拾》《西游记》《骆驼祥子》《海底两万里》《红星照耀中国》《昆虫记》《傅雷家书》《钢铁是怎样炼成的》《艾青诗选》《水浒传》《儒林外史》《简·爱》

醒目生动的标题	阅读“感”点	“感”点来源（直接引述或概述原作）	其他作品印证“感”点
辉煌的生命——读《昆虫记》有感	奋斗的生命最美丽	蝉四年黑暗的苦工，五个多星期阳光下的享乐。	保尔在人生困境中依然奋斗不息，同样展现了生命的辉煌。
①	②	③	④

①____

②____

③____

④____

8.【2021 江苏南通】名著阅读。

法布尔笔下的昆虫既有虫性，又有人性。你所在的学习小组就《昆虫记》"以人性看虫性"这一特点进行了研究性学习。你建议以"蝉"的图片作为研究性学习报告的封面，请结合具体内容说说理由。

9.【2021 江苏扬州】《昆虫记》既有科学性，又有文学性。请根据下面选段，简要分析。

蜜蜂来了，它心平气和……不一会儿，它就沉浸在采蜜的工作中了。潜伏在花下窥伺的强盗——蟹蛛，便从隐藏之处现身，它绕到忙碌的蜜蜂身后，偷偷向它接近，然后猛冲上去突然咬住它的脑后根……这一咬瞬间致命，因为它破坏了蜜蜂颈部的神经节。不多时，可怜的小蜜蜂便蹬着腿死去了。这时，凶手便舒舒服服地吸起受害者的血来。

10.【2021 江苏泰州】结合下面一段文字，说说你对文中"技"和"艺"关系的理解。

法布尔被默忒林克赞为"昆虫学界的荷马"，其所著《昆虫记》被作家雨果称为"昆虫的史诗"。这些赞誉首先源于法布尔科学娴熟的野外观察和实验方法，以及他高超的写作技巧。当然，不仅仅如此，还源于他对生命的尊重与敬畏、对自然万物的欣赏与赞美等因素的加持，这些都给严谨的学术著作《昆虫记》注入了灵魂和生气。

11.【2022 四川内江】鲁迅称《昆虫记》是“一部很有趣,也很有益的书”。它行文活泼,语言诙谐,还常常以拟人的手法表现昆虫世界,读来兴趣盎然。请你回顾书中内容,任选两种昆虫,说说作者是怎样用拟人的手法突出它们特征的。

____

____

12.【2022 四川广元】文段是两部名著的节选部分,请任选一则写出作品名称,并根据所选名著的主题,结合材料谈谈你的感悟。

作品	《　　》	《　　》
文段	到了第二年春天到来的时候,黄蜂们便又可以废物利用,白手起家,发挥大自然在建筑房屋方面赋予它们的高度的灵性和悟性,建造起属于它们自己的新家园。新的结构精巧而且十分坚固的城池,其中居住着约有三万居民——一个庞大的家族。它们将一切从零开始。它们将继续繁衍后代,喂养小宝宝,继续抵御外来的侵略,与大自然抗争,为自己的安全而战斗,为蜂巢内部生活的快乐而贡献自己的一份力量。生命不息,奋斗不止!	“船长,您热爱大海吧?”“是的,我热爱大海!大海就是一切!它覆盖了地球十分之七的表面,大海的气息纯净健康。在这浩无人烟的海洋里,人绝非孤独,因为他会感觉到在他的周围处处都有生命在蠕动。大海只是一种超自然和奇妙的生命载体,它只是运动,是热爱,正如你们的一位诗人所说的那样,大海就是无限的生命力。”
感悟		

13.【2022 广西北部湾经济区】考试结束后，作为名著阅读推广大使，你将受邀返校参加一个学习分享会，所分享的计划表（如下）中，有几个遗漏的信息需要你补充。

初中经典名著分类复习计划表

月份	分类	经典名著	阅读关注重点
1月	纪实作品	《红星照耀中国》	纪实性，理想信念、爱国情怀
2月	科普作品	《昆虫记》	①________
3月	散文、诗歌	《朝花夕拾》《傅雷家书》②《　　》	语言的独特性，启迪人生
4月	③________	《西游记》《水浒传》《儒林外史》《骆驼祥子》	人物、情节、中华人文精神
5月	外国小说	《海底两万里》《钢铁是怎样炼成的》《简·爱》	叙事角度，文化内涵

14.【2022 湖北三市一企】名著阅读。

我在一个大玻璃瓶里面放上一些草，把捉到的几只萤火虫和几只蜗牛也放了进去。蜗牛个头儿正合适，不大不小，正在等待变形，正符合萤火虫的口味。我寸步不离地监视着玻璃瓶中的情况，因为萤火虫攻击猎物是瞬间的事情，不高度集中精力，必然会错过观察的机会。我终于发现是什么情况了。萤火虫稍微探了探捕猎对象。蜗牛通常是全身藏于壳内，只有外套膜的软肉露出一点点在壳的外面。萤火虫见状，便立刻打开它那极其简单、用放大镜才能看到的工具，这是两片呈钩状的颚，锋利无比，细若发丝。用显微镜观察，可见弯钩上有一道细细的小槽沟。这就是它的工具。它用它的这种外科手术器械不停地轻轻击打蜗牛的外膜，其动作不像是在施以手术，而像是在与猎物亲吻。用孩子们的话来说，它像是与蜗牛“拉钩”。它在“拉钩”时，有条不紊，不慌不忙，每拉一次，都要稍事休息，似乎是在观察“拉钩”的效果如何。它“拉钩”的次数并不多，顶多五六次，就足以把猎物给制服，使之动弹不得。然后，它就要动嘴进食了，它很可能也是要用弯钩去啄，因为我几次都未观察清楚，所以对这一点我说不太准。总之，萤火虫在实施麻醉手术时，动作麻利，立竿见影，快如闪电，不用问，它利用带细槽的弯钩已经把毒液注入蜗牛体内，使之昏死过去。

（节选自《昆虫记》）

你班开展《昆虫记》阅读分享活动，请你参与：

(1)【我来复述】阅读选文，梳理萤火虫捕食蜗牛的过程，完成复述提纲。

①__________→打开工具→②__________→观察效果→动嘴进食

(2)【趣说绰号】林耀东同学给萤火虫拟了一个绰号，请你从下列昆虫中任选一种，仿照示例为其拟写绰号并简述理由。

①螳螂　　②红蚂蚁　　③大头黑步甲

昆虫：萤火虫　绰号：麻醉专家　理由：萤火虫对蜗牛施行麻醉手术时，动作麻利，立竿见影。

____

____

(3)【探究分享】通过阅读探究，你们小组发现《昆虫记》和《西游记》都很有“趣”。请结合作品，分享你们的发现。

____

____

____

____

参考答案

【真题在线】

1.C 2.AD 3.①B ②C ③A 4.C

5.A 朝花夕拾 B 法布尔 C 祥子

6.示例一:《昆虫记》中,法布尔提出了蝉的歌唱与爱情无关这一假设。之后他多次实验,发出各种声音,但雌蝉都没有任何反应,得出蝉的听觉很迟钝,蝉的歌唱只是表达生命乐趣的手段,与爱情无关这一结论。

示例二:《昆虫记》中,法布尔提出大头黑步甲会因地表环境改变而采取假死之外逃生方式的假设。之后他多次实验,把大头黑步甲放在木头上、玻璃上、沙土上,还有松软的泥土地上,发现它始终采取假死的方式,于是得出假设不成立的结论。

示例三:《寂静的春天》中,蕾切尔·卡森提出了滥用杀虫剂将导致出现"寂静的春天"这一假设。之后她深入搜集和整理化学杀虫剂危害环境的证据和有关研究的文献,使用了大量翔实的数据,经过分析整合后,最终证实杀虫剂残留的确会造成诸多危害,假设成立。

7.略。提示:标题为主标题+副标题的形式,"感"点明晰,"感"点来源真实(直接或间接引述原文),用另一部作品印证"感"点。意思对即可。

8.示例:"以人性看虫性",蝉有许多耐人寻味的习性。地下蛰伏四年,地上生活五六个星期,每天都尽情地歌唱,它们积极乐观,毫无怨言。

9.示例:运用比喻、拟人等修辞手法,生动形象,使作品文学色彩浓厚;用词准确贴切,真实再现昆虫的生活场景,富有科学性。

10.示例:文中的"技"可以理解为法布尔高超的写作技巧。"艺"可理解为法布尔在运用高超技艺的同时给严谨的学术著作《昆虫记》注入的灵魂和生气。

11.示例一:杨柳天牛像个吝啬鬼,身穿一件似乎"缺了布料"的短身燕尾礼服;示例二:小甲虫"为它的后代做出无私的奉献,为儿女操碎了心";示例三:被毒蜘蛛咬伤的小麻雀会"愉快地进食,如果我们喂食的动作慢了,它甚至会像婴儿般哭闹"。(答出两点,言之成理即可)

12.作品:《昆虫记》 感悟提示:《昆虫记》详细地描述了昆虫的外部形态和生活习性,真实地记录了它们遵守自然法则,为了生存和种族繁衍而进行着不懈的努力和斗争。作者在传播科学知识的同时,以人性观照虫性,用虫性反映社会人生,表达了他对生命的尊重和关爱,对自然万物的赞美。

作品:《海底两万里》 感悟提示:《海底两万里》主要讲述了尼摩船长带领阿龙纳斯一行漫游海底的惊险故事,展现了一个奇幻美妙的海洋世界,体现了人类自古以来渴望上天入地、自由翱翔的梦想。同时,作者也借主人公尼摩船长之口来表达自己对殖民压迫的反对和谴责。体现了他对科学、社会正义和人类平等的不懈追求。

13.①研究方法,写作技巧,科学世界的精彩 ②艾青诗选 ③长篇小说(或:中国小说)

14.(1)①察探蜗牛 ②击打外膜

(2)示例:昆虫:螳螂 绰号:刽子手 理由:螳螂是肉食性动物,加上有两把大刀,它甚至敢捕捉比自己体形还大的动物。

(3)示例:在法布尔的笔下,杨柳天牛像个“吝啬鬼”,小甲虫“为它的后代作出了无私的奉献,为儿女操碎了心”,这些小昆虫在他笔下有了感情,行文生动活泼,语调轻松诙谐,充满了盎然的情趣;《西游记》将现实中各种动物的特征融入神魔仙怪身上,使文章趣味十足,如“猴妖”孙悟空、“猪妖”猪八戒、牛魔王、蜘蛛精、蝎子精,等等。

《昆虫记》检测卷

一、1.A 2.A 3.B 4.C 5.D 6.D 7.A 8.D

二、1.《昆虫世界》《昆虫物语》《昆虫学札记》 昆虫的史诗 法布尔

2.法布尔精神

3.红蚂蚁

4.粗坯 发酵 小面团 小面团 球形面包 完善 抹光

5.蝉 蝉 螳螂

6.等候室 气象观测站

7.祷上帝 修女袍

8.大头黑步甲

9.梨形

10.西班牙蜣螂

11.松树鳃角金龟

12.酿蜜

13.天牛

三、1.示例:我最喜欢的昆虫是螳螂。喜欢的理由:凶残但机警,生存能力强。

2.示例:昆虫与人类确实有许多相通之处。如圣甲虫、西班牙蜣螂

都有慈母般的行为，它们会花费大量时间和精力为幼虫的出生准备充足的条件，比如安全的“孵化室”和营养丰富的食物。

3.示例：《昆虫记》是法国杰出的昆虫学家、动物行为学家法布尔的传世佳作。它熔作者毕生研究成果和人生感悟于一炉，以人性观照虫性，将昆虫世界化作供人类获得知识、趣味、美感和思想的美文。

四、1.示例：螳螂、朗格多克蝎、金步甲。

2.示例：动物界中有专干损人利己的坏事的动物，也有埋头苦干、为别人默默地做着贡献的动物。前者声名远扬，无人不知，无人不晓，后者却知之者甚少。作者运用拟人的修辞手法，通过鲜明的对比，形象生动地指出，动物界同人类一样，好人无人知晓，恶人声名远扬。作者通过细致的观察，以客观事实为依据，研究昆虫的习性和本能的同时，融入自己的人生感悟，反观人性，引发读者深层次的思考，获得更多的启迪。

3.示例：书中生动地揭示了昆虫鲜为人知的生活习性，使人们得以了解昆虫的真实生活情景；行文生动活泼，语调轻松诙谐，充满了盎然的情趣；法布尔透过昆虫世界折射出社会人生，全书充满了对生命的关爱之情，对自然万物的赞美之情。

五、(一)1.颜色　栗色　白色　灰白相间　淡白色(答案不唯一)

2.运用了拟人和比喻的修辞手法，生动形象地把大孔雀蝶端庄、典雅的整体特征表现了出来。“天鹅绒外衣”“皮毛领带”的比喻恰当、贴切，具体可感，使读者对大孔雀蝶有了比较清晰和准确的认知；同时，拟人手法的运用，使大孔雀蝶的形象更有立体感。

3.示例：禁食者，口腔器官是无用的装饰。生命短暂。结婚是它生命的唯一目的。为寻找自己的意中人，可以长距离夜间飞行，能穿过黑暗，越过各种障碍。雌性能在夜晚引来远处的雄性。

(二)1.隐蔽、向阳。

2.示例：①蟋蟀很聪明，如把巢穴建在很隐蔽的地方。②蟋蟀很懂得变通，能根据情况的变化而做出适当的调整，如它的巢穴会随着天气变冷、身体渐渐长大逐渐加深加宽。

3.示例：具有热爱大自然、热爱弱小生命的生活态度，具有严谨细致、实事求是的工作作风。

(三)1.蝈蝈追捕蝉时动作敏捷迅速、勇敢顽强。

2.相同点：动作勇敢凶猛。不同点：苍鹰是以强欺弱，而蝈蝈是不甘示弱，敢于向比自己强壮的敌人挑战。

3.通过细致观察知道的。

4.蝉、梨片、葡萄、甜瓜片等。

5.(1)×　(2)×　(3)√